Jacques Babinet

Voyage
dans le ciel

Le savoir
en poche

ISBN : 978-1546624417

10 9 8 7 6 5 4 3 2 1

Jacques Babinet

Voyage dans le ciel

Le savoir
en poche

Table de Matières

Introduction.

Le *Cosmos* de M. Alexandre de Humboldt embrasse et résume tous
les travaux qui ont valu à l'auteur une des premières renommées
scientifiques de ce siècle. Nous voudrions essayer aujourd'hui de
faire connaître une des plus remarquables parties de cet ouvrage;
mais comment remplir dignement cette tâche sans rappeler d'abord
l'ensemble d'études et de recherches que le *Cosmos* est venu couron-
ner ? Voyageur scientifique, M. de Humboldt a appris aux voyageurs
à voir, à observer, à mesurer tous les phénomènes du monde physique, et pour plusieurs branches des connaissances humaines, il en
a le premier révélé l'importance. Contemplateur, artiste et poète, il
a senti, il a décrit la beauté des scènes de la nature, sans que le coup
d'œil attentif du mathématicien et de l'astronome fît tort à la perception des merveilles des astres, des airs, des eaux et de la terre,
considérée tant dans les montagnes, les rochers, les terrains qui en
forment la substance que dans la végétation qui l'*habille*, comme dit
Homère, et dans les animaux de toute espèce qui la peuplent. Qui
ne connaît ses travaux de géographie astronomique, descriptive,
politique et physique ? Ses déterminations magnétiques ont ouvert
la voie à tout ce que le XIXe siècle a fait pour étendre cet ordre de
notions si important. On sait quelle a été sa coopération à l'établissement des observatoires magnétiques qui nous ont déjà tant appris
sur le fluide qui circule comme un véritable fluide nerveux dans l'intérieur de la terre. Sa description des lignes de chaleur égale, dont
il a marqué la direction sur notre globe, s'est confirmée par d'in-
nombrables applications à la connaissance des climats et à celle des
productions de la terre comme aussi aux déductions théoriques et
purement scientifiques de la météorologie. Voyageur ou expérimen-
tateur sédentaire, M. de Humboldt n'a pas seulement rendu d'in-
nombrables services à la botanique, à l'anatomie, à la zoologie : on
lui doit de remarquables travaux sur la constitution physique de la
terre étudiée dans sa force intérieure ou volcanique, dans ses mines
et ses produits souterrains, et surtout dans l'aspect des terrains, des
roches, des agglomérations qui en composent la surface et servent
de base à la vie végétale et animale.

C'est encore M. de Humboldt qui nous a révélé un des faits les
plus importants pour la connaissance de notre globe et de son état
antérieur. — Tandis que les plantes, les animaux et toutes les organisations vivantes offrent, suivant les divers climats, les plus éton-

nantes variétés, il a reconnu que le sol des contrées qui les portent est le même d'un pôle à l'autre, dans le nouveau comme dans l'ancien continent, dans les îles comme dans les régions centrales, dans l'Australie comme dans l'Amérique du Nord. Au moment de ces formations terrestres, la nature était encore une, les choses n'avaient qu'un aspect :

Unus erat toto naturæ vultus in orbe.

Mais un des titres essentiels de l'auteur du *Cosmos* à la reconnaissance du monde scientifique, c'est, nous le répétons, d'avoir appris aux savants à voyager. Il a bien fait et a appris à bien faire. Le degré d'exactitude qu'il a atteint dans toutes les observations est suffisant, et c'est tout ce que comportent les difficultés du transport, les besoins du voyage lui-même et les déductions scientifiques qu'on devra tirer des observations. Appelé moi-même à donner des directions à des observateurs venus après lui, j'ai toujours été conduit, malgré le perfectionnement des instruments de position, à leur donner ce conseil : Faites comme M. de Humboldt, et *aussi bien que lui*, si vous pouvez. — Apprendre aux autres à faire, c'est une véritable invention. L'auteur du télescope, du microscope, du sextant, l'auteur de la pile électrique n'ont-ils aucun droit sur toutes les découvertes que leurs inventions premières ont suggérées, et qui ne se seraient pas accomplies sans les *outils* qu'ils ont fournis à la science ? L'esprit humain, si puissant pour saisir les analogies, est bien faible pour la connaissance de l'absolu. Il nous serait bien facile maintenant, comme Archimède, de trouver, sans l'entamer, la quantité d'or et d'argent contenue dans la couronne du roi Hiéron fabriquée par l'infidèle orfèvre Démétrius; mais trouver le moyen de reconnaître la fraude sans endommager un travail exquis, voilà ce qu'Archimède seul pouvait imaginer, ce qui lui faisait crier : Eurêka! je l'ai trouvé ! En un mot et par une seule image, il est infiniment plus aisé d'allumer mille flambeaux à un premier flambeau allumé déjà que de donner la flamme à ce premier flambeau lui-même.

En jetant ce rapide coup d'œil sur les œuvres si variées dont le Cosmos nous offre le résumé, laisserons-nous oublier qu'attaché à la cour du roi Frédéric-Guillaume IV, qui lui témoigne une considération, on peut dire même une affection aussi honorable pour le souverain que pour le savant, M. le baron Alexandre de Humboldt mène la vie de courtisan dans la plus stricte acception de ce mot ? Ainsi nous avons vu Cuvier et Arago donner une part de leur activité à la vie publique sans cesser d'être à la tête des sciences d'observation, l'un pour les sciences naturelles, l'autre pour les sciences mathématiques. Un grand honneur pour M. de Humboldt, c'est d'avoir été également initié et, qui plus est, *praticien* dans l'une et l'autre de ces grandes divisions qui se partagent les onze sections de notre Académie des sciences. L'auteur du *Cosmos* appartient à l'Institut de France comme associé étranger, et cette distinction est justement regardée comme la plus élevée où puisse atteindre une capacité scientifique, car ces associés, en très petit nombre d'ailleurs, sont choisis entre les sommités de tous les pays : ce sont les premiers entre les premiers de la science et de la renommée, *primi inter primos*.

Si l'on en juge par les dernières publications de M. de Humboldt, l'âge n'a point de prise encore sur cette vigoureuse intelligence.[1] Le *Cosmos* embrasse et résume, nous l'avons dit, tous les travaux de l'illustre savant. L'idée du *Cosmos* est développée dans les deux premiers volumes, un peu trop fortement empreints peut-être de cette métaphysique allemande qui mêle aux notions positives des sciences d'observation un reflet du raisonnement métaphysique de l'âme qui reçoit ces notions. L'homme a toujours été le même : l'ancienne dissidence entre les dogmatiques et les empiriques, entre les spéculateurs théoriques et les observateurs, entre les platoniciens et les partisans d'Aristote, subsiste toujours, et quoique dans la connaissance de la nature les progrès récents des sciences aient donné gain de cause aux observateurs sur les *théoristes*, qui osaient espérer de deviner la nature, cependant, et à juste titre, la théorie et les spéculations sont rentrées dans la science, mais, bien entendu, en ne s'écartant pas du domaine de celle-ci, limité et conquis par l'observation. Dans les premiers volumes de l'ouvrage de M. de Humboldt, l'univers est considéré non-seulement au point de vue descriptif et infaillible, mais encore il est mis en relation avec l'âme de l'homme ou plutôt de l'humanité entière dans les divers siècles. Cette admission de l'histoire et de la métaphysique sur le terrain de la science observatrice n'a pas été goûtée par tous les esprits, soit que l'on craignît un retour vers la science dogmatique, soit que l'on fût frappé de la nouveauté seule. Cependant tout ce qui, dans cette partie du livre, appartenait à la science d'exposition pure et simple était au-dessus de tout reproche.

Dans le volume récemment paru, la science descriptive règne ex-

---

1 M. de Humboldt est né en septembre 1769, l'année même qui avait donné à la France Napoléon et Cuvier. Il vient donc d'accomplir sa quatre-vingt-quatrième année.

Jacques Babinet

clusivement, et le succès de l'ouvrage a été incontesté et universel.[2] Le troisième volume du *Cosmos* surpasse, à notre avis, les deux précédents par la vigueur de style, par la profondeur de vues, par la flexibilité de la pensée, enfin par la solidité de déductions analogiques, qui en font un tableau des phénomènes célestes exposés suivant la science que l'on peut hardiment appeler *française*, c'est-à-dire sans aucun mélange de la métaphysique allemande ou, si l'on veut, platonicienne. Le quatrième, non encore traduit, contient l'exposé des phénomènes du globe terrestre, comme le précédent traitait des phénomènes du ciel. On peut dire que M. de Humboldt, l'un des fondateurs de la physique terrestre, est là sur son terrain plus encore que dans le domaine de la physique céleste.

C'est la partie astronomique du livre de M. de Humboldt qui appellera surtout aujourd'hui notre attention; mais avant de suivre l'auteur du Cosmos dans son exploration des espaces célestes, nous avons à dire un mot des vues philosophiques qui précèdent et amènent cette partie purement descriptive de son œuvre. On aura ainsi une idée plus complète de l'imposant ensemble auquel se rattache le tableau du ciel tel que nous essaierons de le tracer d'après M. de Humboldt.

Section I.

Dans le petit traité sur le monde, sur le cosmos, que l'on trouve dans les œuvres d'Aristote, et qui contient, notamment sur l'existence du continent américain, des vues d'une portée merveilleuse, le précepteur d'Alexandre, le grand seigneur macédonien, s'exprime ainsi : « Bien des fois, ô Alexandre ! la philosophie m'a paru quelque chose de divin et de surnaturel, surtout lorsque seule, osant s'élever à la contemplation de la nature des êtres, elle a voulu dans cette partie chercher la vérité...... Le monde (*cosmos*) est l'ensemble du ciel et de la terre, et de toutes les substances de toute nature qu'ils embrassent l'un et l'autre. Ce nom de cosmos est dérivé de l'ordre et de l'arrangement de tous les êtres sous l'empire de la Divinité et sous

---

2 En Angleterre, l'ouvrage a été traduit par Mme Sabine, aidée des conseils et sous la direction de son mari, le colonel Sabine, illustre savant anglais, et de l'auteur même du *Cosmos*. En France, le premier volume et la première partie du troisième ont eu pour traducteur M. Faye, l'un de nos premiers astronomes français, qui a même fourni quelques additions ou renseignements. Au moment où commençait la publication du *Cosmos*, M. de Quatrefages en faisait l'objet d'une étude dans cette *Revue* (1er juin 1846), et M. de Humboldt avait publié ici même l'introduction de son livre (1er décembre 1845).

sa conservation immédiate. »

Ce qu'Aristote appelle *philosophie* est ce que nous appelons *science*, et surtout la science appliquée à la connaissance de l'univers matériel. Tel est aussi le plan du livre de M. de Humboldt : c'est la contemplation du monde physique, non-seulement dans les lois qui le régissent, mais encore dans ses rapports avec l'homme comme habitant du monde, et avec l'âme comme percevant des sensations artistiques et métaphysiques au spectacle de l'univers.

C'est principalement au début de son ouvrage que M. de Humboldt a développé la grande idée qui en constitue l'individualité. Il y montre pour ainsi dire l'âme universelle de l'humanité grandissant avec la connaissance du monde et les conquêtes des sciences depuis la navigation des Argonautes jusqu'à celles de Christophe Colomb et de ses successeurs, depuis les premières contemplations astrologiques du ciel jusqu'à la science astronomique du XIXe siècle, depuis les informes et superstitieuses notions météorologiques des premiers âges jusqu'à l'établissement des observatoires météorologiques du monde entier, qui nous révéleront un jour ce que dans chaque contrée, chaque année, chaque saison, on doit attendre de jours chauds et froids, sereins ou pluvieux, calmes ou agités par les vents, avec d'utiles prescriptions pour les cultures, les récoltes, les travaux publics, les transports de subsistances, les voyages, l'hygiène publique, enfin tout ce qui constitue les mille rapports du climat avec l'homme.

C'est donc un exposé général des lois et des faits de la nature entière que nous offre le *Cosmos* dans sa première partie. « La nature, considérée rationnellement, dit M. de Humboldt, c'est-à-dire soumise dans son ensemble au travail de la pensée, est l'unité dans la diversité des phénomènes, l'harmonie entre les choses créées dissemblables par leur forme, par leur constitution propre, par les forces qui les animent; c'est le Tout (le grand *Pan*) pénétré d'un souffle de vie. Le résultat le plus important d'une étude rationnelle de la nature est de saisir l'unité et l'harmonie dans cet immense assemblage de choses et de forces, d'embrasser avec une même ardeur ce qui est dû aux découvertes des siècles écoulés et à celles du temps où nous vivons, d'analyser le détail des phénomènes sans succomber sons leur masse. Sur cette voie, il est donné à l'homme, en se montrant digne de sa haute destinée, de comprendre la nature, de dévoiler quelques-uns de ses secrets, de soumettre aux efforts de la pensée, aux conquêtes de l'intelligence, ce qui a été recueilli par l'observation.... Interroger les annales de l'histoire, c'est poursuivre cette trace mystérieuse par laquelle la même image du *cosmos* — qui s'est révélée primitivement au sens intérieur comme un vague pressentiment de l'harmonie et de l'ordre dans l'univers — s'offre aujourd'hui à l'esprit comme le fruit de longues et sérieuses observations. »

Telle est la tâche qu'a voulu remplir M. de Humboldt, et les premiers chapitres du *Cosmos* nous offrent successivement des tableaux abrégés de la terre, du ciel, de la vie organique, des considérations sur l'étude de la nature, et un essai historique sur le développement progressif de l'idée de l'univers. A ces tableaux viennent s'ajouter plusieurs centaines de pages de notes dans lesquelles brille peut-être encore plus que dans le texte la prodigieuse érudition de M. de Humboldt. Il a tout lu, tout compris, tout extrait depuis plus d'un demi-siècle. Plusieurs de ces notes sont d'admirables matériaux qui n'ont point trouvé place dans la contexture de l'ouvrage. On peut citer entre autres la réhabilitation de la mémoire d'Amérigo Vespucci, homme d'une haute science et d'une grande probité, qui n'a jamais cherché à donner son nom aux terres découvertes à l'occident de l'Espagne. Ces terres, jamais ni lui ni Christophe Colomb n'ont su qu'elles étaient un nouveau continent, un nouveau monde, étant morts l'un et l'autre avec la croyance, universelle alors, qu'ils avaient touché à la partie orientale de l'Asie. C'est un hasard malheureux et l'obscurité comparative de Christophe Colomb qui ont été funestes à sa gloire. A propos de ces notes, il est un désir que nous devons exprimer. Nous voudrions voir tous les auteurs consciencieux qui écrivent sur des sujets sérieux faire part au public des matériaux souvent très précieux qu'ils ont recueillis sans les employer, et qui éviteraient à d'autres travailleurs la peine d'aller les chercher dans les livres originaux. L'érudition de *seconde main*, bien plus commune qu'on ne pense, n'a rien que d'avouable quand on n'y joint pas la mauvaise foi de vouloir faire croire qu'on a soi-même puisé aux sources originales.

La partie de l'œuvre de M. de Humboldt dont nous venons d'indiquer en quelques mots les grandes lignes soulève quelques questions sur lesquelles, nous l'avons dit, nous voudrions nous arrêter avant d'arriver à la partie plus rigoureusement scientifique. « Ceux, dit Bacon, le père de l'école observatrice moderne, qui ont traité des sciences, ont été ou dogmatiques ou empiriques : les dogmatiques, semblables aux araignées, forment des toiles sans force de la substance qu'ils tirent d'eux-mêmes; les empiriques au contraire, semblables aux fourmis, amassent des matériaux et les emploient tels qu'ils les trouvent. L'abeille fait mieux, car elle recueille de la substance sur les fleurs, mais elle sait l'élaborer avec un art qui lui est particulier. » Je pense qu'on ne peut pas assez s'étonner qu'il ait fallu tant de siècles pour comprendre qu'avant d'expliquer il fallait connaître, et que jamais la théorie ne pouvait deviner les faits, pas plus qu'on ne peut arpenter un champ avant de l'avoir sous les yeux. Peut-on voir sans une surprise profonde Descartes, cet admirable génie, le grand promoteur du *doute* et de l'examen comme *principe préliminaire*, bâtir de toutes pièces un système de la constitution intime de la nature et des mondes parfaitement en contradiction avec ses propres règles de raisonnement ? Encore s'il eût donné ses tourbillons et sa matière subtile pour une conception hypothétique, une espèce de type mécanique de l'organisation de l'univers et des corps; mais il y croyait, il s'était persuadé à lui-même ses incroyables hypothèses, et malheureusement il y fit croire ses contemporains. Il fut empirique comme raisonneur, mais complètement dogmatique dans ses systèmes. Aussi, à part l'histoire de la science, ne vivra-t-il que par la portion de ses travaux qu'il estimait le moins, savoir ses découvertes mathématiques et physiques.

Le mot nature, qui pour nous désigne l'ensemble des êtres que l'observation fait reconnaître à nos sens, signifiait chez les Romains, d'après son étymologie, non point l'existence, mais bien la naissance des êtres. Telle est la signification du titre du fameux ouvrage de Lucrèce sur la *nature* (la *naissance*) *des choses*, où il tend à fixer des limites à ce qui peut naître et à ce qui ne peut pas naître. Chez les Grecs, le mot *physis*, que l'on traduit toujours par le mot français *nature*, remonte plus haut que la naissance des êtres et signifie *engendrement*. Ainsi chez nous l'idée de nature se rapporte à l'existence des êtres; chez les Latins, elle se rapportait à la naissance de ces mêmes êtres, tandis que chez les Grecs, elle était l'idée même de leur génération : on voit que le langage, le sens commun s'est de plus en plus rapproché de l'empirisme. Mais au fond comment concevons-nous l'existence des êtres ?

L'école métaphysique française moderne a sagement renoncé à définir les premiers principes des êtres. Si une existence est isolée des autres, si une sensation est d'une nature particulière, comment la définir par d'autres sensations d'une espèce différente ? Autant vaudrait exprimer un chemin en kilogrammes ou une valeur en mètres cubes! La pensée, accoutumée à triompher dans la comparaison des idées, dans l'analogie, éprouve une grande humiliation, quand elle vient se heurter contre la connaissance intime des choses, contre l'absolu. Alors il faut ou plutôt il faudrait *savoir ignorer*, mais c'est à quoi il est bien pénible de se résoudre, surtout quand on a à soutenir une position scientifique acquise. Un Persan, à qui j'avais à son gré éclairci quelques doutes sur le système du monde, me demandait, comme un léger accessoire, de lui dire ce que c'est que l'âme ! Beaucoup de ceux qui consultent les organes de la science sont un peu comme ce Persan, et les philosophes, soit dans leurs livres, soit dans leurs cours, sont toujours fort peines de dire : *je ne sais pas*. Il me semble pourtant qu'on peut hardiment convenir de son ignorance, pourvu qu'on ait la certitude qu'aucun autre n'en sait plus que soi.

Comme l'occasion s'offrira de revenir quelque jour sur la classification, sinon sur l'essence intime des êtres matériels, je me bornerai à faire remarquer que l'on trouve, en tête de tous les traités de physique, la matière, l'espace et le temps comme premiers principes des êtres. Peut-on concevoir des êtres en dehors de ces propriétés générales ? Peut-on, avec Berkeley, créer par l'intelligence un univers immatériel ? Puisque les êtres physiques ne sont pour nous que l'idée qui nous rend leur existence sensible, cette idée ne pourrait-elle pas naître et exister dans la pensée, dans l'intelligence, dans l'âme, sans résulter d'une action et d'une sensation matérielles ? Je laisse tout cela aux habiles, et, revenant à notre monde, conçu à l'ordinaire, je me demande à quelles dernières limites s'arrêtent les notions intellectuelles que nous avons sur la matière, l'espace et le temps. Voici, je crois, ce que l'on peut dire de plus simple sur cet objet, sans cependant se flatter d'avoir défini ce qui est indéfinissable.

La première perception de notre intelligence est celle de l'identité ou de la non-identité de deux êtres. Or l'être matériel qui agit sur nos sens, d'après sa définition empirique, diffère de notre pensée; cela lui constitue une propriété particulière, une existence à part qui peut sinon le *définir*, du moins le faire reconnaître. Ainsi l'être matériel se *distingue* par sa *non-identité* avec la faculté pensante, de laquelle évidemment nous devons partir. Voilà donc l'idée la plus *primitive* que l'on puisse avoir des corps, des substances matérielles, des êtres physiques. Cette idée, c'est que ces êtres sont distincts de la faculté pensante. Voyons pour l'espace.

Peut-on concevoir un corps sans lui attribuer tacitement ou explicitement une étendue, une place dans le monde, une largeur, une longueur, une épaisseur, des dimensions sensibles, et plus vulgairement un dessus et un dessous, un avant et un arrière, une droite et une gauche ? Je laisse tout cela à l'école dogmatique; mais, ramenant tout à la notion admise d'identité ou de non-identité, disons que, dès que la pensée conçoit deux corps, on a l'idée de l'espace qui les sépare par l'idée même de leur non-identité. Plus on creuse cette pensée, plus on reconnaît que si elle n'est pas une définition absolue, elle fournit au moins tout ce qu'il y a de plus de simple dans la conception de l'idée de distance, d'espace, d'étendue. Répétons donc : la notion de l'espace est la notion de ce qui différencie l'idée de deux êtres matériels co-existants.

Enfin le temps lui-même, regardé ordinairement comme si rebelle à toute définition, se ramène facilement aux notions les plus simples d'identité et de non-identité. Concevons un seul objet et pensons-y deux fois. La notion du temps sera la notion de ce qui différencie ces deux idées d'un même objet. Il est évident que les deux idées du même objet n'ont aucune autre distinction que leur successivité. La notion du temps est donc la notion de la non-identité de deux idées du même objet.

Ces définitions ou plutôt ces quasi-définitions de la matière, de l'espace et du temps, qui cependant, au fond, sont empiriques, c'est-à-dire fondées sur l'observation, vont nous servir de type pour d'autres définitions ou limitations des êtres dans la nature. Et d'abord rien de plus célèbre que la classification des êtres en trois règnes ou divisions : le règne minéral, le règne végétal et le règne animal. Plus récemment, on avait voulu réduire ces trois règnes à deux, savoir : le règne des êtres privés de la vie, ou règne inorganique, et le règne des êtres vivants, végétaux et animaux, sous le nom de règne organique. En raisonnant d'après la stricte règle de la philosophie empirique, qui admet comme ayant une existence spéciale, comme contenant un principe distinct, tous les objets qu'on ne peut ramener expérimentalement à l'identité, nous serons conduits à quatre ordres d'êtres de natures diverses, à quatre règnes de la nature, savoir : les trois anciens règnes minéral, végétal et animal, et de plus le *règne humain*, caractérisé par l'âme, l'intelligence, la pensée définie expérimentalement, comme étant ce que possède l'homme d'une race quelconque à l'exclusion de l'animal.[3]

Quelques mots encore sur cette importante question. Dans les sciences d'observation, la mécanique, la physique, la chimie nous font connaître les propriétés qui distinguent les corps purement matériels : par exemple, le mouvement, la vitesse, le choc, la dureté, le poids, l'étendue, la chaleur, la couleur, la composition élémentaire,

3 M. de Humboldt admet avec raison l'unité de l'espèce humaine.

Jacques Babinet

les réactions mutuelles. Là point de vie, point de reproduction, point de spontanéité, point d'organisation, point de mouvement volontaire.

Il n'en est pas de même si nous observons une plante : nous y reconnaissons tout de suite une organisation qui déroge à toutes les lois de la mécanique, de la physique et de la chimie des corps purement matériels. Et comme nous ne pouvons pas ramener les uns aux autres les phénomènes des êtres organisés et ceux des corps bruts, nous devons reconnaître dans la plante un principe nouveau, — la vie, l'organisme ou tel nom qu'on voudra lui donner, — pourvu qu'il soit bien admis que la plante contient deux principes distincts, la matière et la vie, et que tandis que le règne minéral ne contient qu'un seul principe, soumis aux lois physiques, la matière, — le règne végétal en contient deux, la matière et le principe vital, soumis à de tout autres lois.

Par le même raisonnement, nous reconnaîtrons que, comme il y a dans les animaux des particularités tout à fait étrangères aux végétaux, et entre autres le mouvement, la spontanéité, la volonté, qui ne permettent pas de les confondre avec les végétaux, nous devons admettre en eux un nouveau principe que j'appellerai la spontanéité, la volonté ou l'instinct. Ce principe devra faire reconnaître le règne animal comme distinct des deux autres tant qu'on n'aura pas fait un animal avec une plante ou donné les sens et la volonté à un arbre. Ainsi, dans le règne animal, trois principes élémentaires distincts, savoir : la substance matérielle, la vie, et l'instinct.

Existe-t-il un quatrième règne ? Évidemment oui. En effet, l'homme, par sa pensée, son intelligence, son âme, se sépare des animaux, et ce n'est pas seulement une différence en plus ou en moins comme dans les affections, les passions, les sensations, la mémoire, le jugement, que l'homme partage avec l'animal et qu'il ressent seulement dans un degré plus élevé, dans une sphère plus étendue. Tout le monde sent et convient qu'il y a dans la faculté pensante un principe que l'homme possède seul à l'exclusion de tous les animaux, et, répétant ce que je viens de dire pour la différence entre le règne végétal et le règne animal, tant qu'on n'aura pas réussi à donner l'intelligence à la brute, on devra reconnaître un principe à part dans l'homme, principe que nous nommerons intelligence, faculté pensante, âme, et qui fera de l'humanité entière un quatrième règne de la nature contenant quatre principes distincts, savoir : la substance matérielle, la vie ou l'organisation, l'instinct, enfin l'âme.

Section I.

Nous n'avons point pour aujourd'hui à insister davantage sur la partie métaphysique du livre de M. de Humboldt, à fixer par exemple les limites que doit comprendre chaque branche des sciences d'observation. Ce sont là des questions qui veulent être étudiées à part, et il nous a suffi de poser quelques-uns des principes essentiels qui dominent cette partie théorique du *Cosmos*, dont le but est nettement indiqué dans les lignes suivantes : « Je crois avoir retracé, dit M. de Humboldt, dans sept chapitres qui forment une série de tableaux distincts, l'*histoire de la contemplation physique du monde*, c'est-à-dire le développement progressif de l'idée du Cosmos. Ai-je réussi à dominer un si vaste amas de matériaux, à saisir le caractère des phases principales, à marquer les voies, par lesquelles les peuples ont reçu des idées nouvelles et une moralité plus haute ? C'est ce que je n'ose décider... »

Nous arrivons maintenant au développement purement descriptif de la partie céleste du monde. Là nous aurons de la science d'observation, et, à la grande louange de l'auteur du Cosmos, plus complète que dans aucun ouvrage, même spécial, sur l'astronomie.

Section II.

Avec une hauteur de pensée qui domine la science des résultats de l'astronomie mieux que ne l'ont fait jusqu'ici les hommes spéciaux les plus éminents, l'auteur du *Cosmos* partage son sujet en deux sections : la science des étoiles d'une part, et de l'autre, celle du système solaire, en y comprenant le cortège des planètes, des satellites, des comètes, etc. Nous allons faire avec lui cet intéressant *voyage dans le ciel*.

De la partie de l'espace où nous sommes placés, nous n'apercevons sans doute qu'une petite portion des corps qui composent l'univers entier. Cependant, lorsqu'on dirige le télescope vers le ciel, on pénètre à des distances telles que l'on sent plutôt le besoin de revenir en arrière et de se replier vers notre soleil que de s'étendre par la pensée au-delà de cette limite si lointaine que nous atteignons déjà. Tâchons d'en donner une idée. Notre terre nous paraît immense par rapport à notre stature humaine. Cependant, si tous les habitants de la France se donnaient la main, ils en feraient aisément le contour, à peu près comme les voyageurs mesurent le tronc d'un arbre gigantesque par le nombre d'hommes qu'il faut pour l'embrasser. Ce contour est de 40 millions de mètres. Or le soleil est éloigné de notre terre de douze mille fois l'épaisseur de celle-ci, en sorte que si l'on mettait en ligne douze mille globes égaux en grosseur à notre terre, on comblerait l'intervalle qui nous sépare du soleil. La longueur de cette espèce de pont idéal dépasse tout ce que nous pouvons nous figurer en kilomètres et en distances itinéraires. En partant de l'homme, la terre est immense en ses dimensions; en partant de la terre au soleil, c'est une immensité de plus; mais du soleil au soleil le plus voisin, c'est-à-dire à l'étoile la plus voisine (car personne n'ignore aujourd'hui que les étoiles sont des soleils lointains affaiblis par la distance dans leurs dimensions et dans leur éclat), la distance est au moins deux cent mille fois la distance de la terre au soleil. Comprenons maintenant, s'il est possible, la profondeur de l'espace qu'occupent autour de notre soleil toutes les étoiles qui nous environnent, depuis la première grandeur, c'est-à-dire le plus grand éclat, jusqu'aux petites étoiles de douzième, de quinzième ou même de vingtième grandeur; mais ce n'est pas tout : au-delà des plus petites des étoiles qui nous entourent, le ciel n'est pas vide; d'autres étoiles encore plus petites sont accumulées, et finissent en une faible blancheur qui limite circulairement la voie lactée. A quelle prodigieuse distance doivent être les dernières, qui ferment la perspective par leur accumulation, et qui, dans leur ensemble, forment ce que M. de Humboldt appelle si pittoresquement une île isolée dans le ciel ? L'idée de nuage de soleils serait peut-être plus appropriée à l'objet présent. Quoi qu'il en soit, l'île céleste qui forme notre voie lactée n'est pas la seule. Les deux Herschel, père et fils, sir William et sir John, en ont catalogué environ 4,000, et l'on a conjecturé que, pour nous arriver du plus éloigné de ces amas d'étoiles visibles, la lumière, qui parcourt 300,000 kilomètres par seconde, mettait au moins 10,000 siècles !

Ces distances surpassent tellement la conception ordinaire de nos distances terrestres, quelles ne disent plus rien à notre pensée; seulement elles nous ôtent toute curiosité métaphysique de rechercher si au-delà il n'y a point encore des corps matériels existants, mais rendus invisibles par leur éloignement, ou par leur manque de lumière. Quant à l'existence de grands corps obscurs, et par suite sans relation possible avec nous, puisque la lumière est le seul mode de communication entre les étoiles et la terre, elle ne peut plus être mise en doute depuis qu'on a vu en 1572 une immense étoile briller quelques mois d'un éclat extraordinaire pour disparaître ensuite complètement, phénomène qui s'est reproduit plusieurs fois dans diverses constellations. Or notre soleil, que des données précises ne permettent pas de placer parmi les plus brillantes des étoiles, est environ un million et demi de fois plus volumineux que notre globe terrestre. Il y a donc des corps immenses actuellement invisibles pour nous, car il n'entre sans doute dans la pensée de personne d'imaginer que ces immenses étoiles temporaires, dont l'éclat a cessé, soit par une véritable extinction, soit par l'interposition d'un corps opaque qui nous les a cachées, se soient anéanties sur place; s'il est une donnée scientifique solidement établie, c'est que rien ne périt dans la nature. Toutes les forces physiques, chimiques, mécaniques, physiologiques, sont impuissantes à détruire aussi bien qu'à créer un atome de matière, un atome de chaleur, un atome de lumière ou d'électricité; elles ne peuvent de même ni détruire ni créer la moindre quantité de mouvement, Le mouvement d'un corps qu'on arrête passe dans l'obstacle qu'il vient choquer, et la recherche du mouvement perpétuel est aussi chimérique que la création des montagnes par les moyens dont l'homme et la nature peuvent disposer, ou leur anéantissement par l'emploi des mêmes moyens.

Mais pour sortir de ces fatigantes assertions, qui constituent cependant le vrai côté positif de la science, imaginons que l'on dirige un grand télescope sur une des belles voies lactées du ciel, lesquelles sont ordinairement désignées sous le nom de nébuleuses, qu'elles doivent à leur aspect analogue au faible éclat de la voie lactée : alors on voit avec ravissement ce petit nuage blanchâtre et pâle se transformer magiquement en un amas de points brillants d'un éclat admirable, comme si l'une des montagnes de sable qui bordent l'Océan sur les côtes de France, et qui forment des dunes de 100 mètres de hauteur vers Dunkerque, sur les côtes de Bretagne, ou autour du bassin d'Arcachon, au sud de Bordeaux, avait eu chacun de ses grains de sable transformé en un ver luisant, et rayonnait dans chacun de ces points d'un éclat fixe et pur qu'on ne pourrait se lasser de contempler !

L'auteur du *Cosmos* passe en revue, d'une manière peut-être un peu trop rapide, les progrès opérés dans la construction des télescopes à verres achromatiques et à miroirs; il arrive jusqu'aux grandes lunettes de 14 pouces français d'ouverture qui sont à Poulkova près Saint-Pétersbourg, à Cambridge près Boston aux États-Unis, à l'observatoire de Paris; il mentionne les télescopes à miroir de William Herschel de 4 pieds anglais de diamètre et de 40 pieds de longueur, ainsi que ceux de 3 pieds de M. Lassell, près Liverpool, et enfin le gigantesque télescope de lord Rosse, de 50 à 60 pieds de longueur, avec un miroir de 6 pieds d'ouverture installé dans un bâtiment formant une espèce de tour allongée dont les murs, découpés par étages, ont plus de 60 pieds de hauteur. Ici se placent plusieurs détails intéressants sur l'éclat relatif des étoiles, sur leur scintillation, sur leur visibilité en plein jour par le télescope, sur la transparence supposée imparfaite des espaces célestes, sur les différences optiques reconnues par Arago entre la lumière émanée des solides, des liquides ou des gaz, sur la lumière directe et la lumière réfléchie, sur la vitesse de la lumière, sur l'éclat comparatif du soleil et des étoiles, et particulièrement sur le rapport de la lumière du soleil à celle de la pleine lune (ce rapport est celui de 800,000 à 1, c'est-à-dire que le soleil est près de un million de fois plus brillant que la lune dans son plein). M. de Humboldt indique, d'après sir John Herschel, que Sirius, la plus brillante étoile du ciel, est, à distance égale, 63 fois plus brillant que notre soleil. Nous sommes conduits ainsi, dit-il, à ranger notre soleil parmi les étoiles d'un médiocre éclat intrinsèque. Si l'auteur du Cosmos veut bien prendre la peine de refaire le calcul de sir John Herschel (*Outlines of Astrology*, , p. 553), il se confirmera encore davantage dans son assertion, car il trouvera que c'est par une erreur de calcul qu'on est arrivé au nombre 63, tandis que le véritable résultat est le nombre 146 1/2, — en sorte qu'en définitive il faudrait accumuler la lumière de plus de 146 soleils comme le nôtre pour équivaloir à l'éclat de Sirius, l'un et l'autre étant supposés éclairer à la même distance.

Combien d'étoiles peut-on discerner sur la voûte entière du ciel à l'œil nu et avec le télescope ? combien en a-t-on catalogué ? combien y en a-t-il dans chaque ordre de grandeur ? Sans nous astreindre à transcrire tout ce qu'il y a d'intéressant sur ce sujet dans le Cosmos, indiquons quelques nombres. D'après Argelander, il y a dans tout le ciel de 5 à 6,000 étoiles visibles à l'œil nu, sans instrument aucun, l'incertitude provenant du plus ou moins de faculté pénétrante de la vue de l'observateur. On regarde comme de sixième classe ou grandeur les dernières étoiles perceptibles à la vue naturelle. A mesure que l'éclat est plus faible, le nombre des étoiles augmente rapidement; ainsi on compte 20 étoiles de première grandeur ou éclat; de second éclat, on en compte 65; de troisième, 190; de quatrième, 425; de cinquième, 1,100; de sixième, 3,200; de septième, 13,000; de huitième, 40,000; enfin de neuvième, 142,000, ce qui fait un total de 200,000 étoiles. Que serait-ce si on allait à la vingtième grandeur! Le catalogue français de Lalande contient plus de 47,000 étoiles, et il y en a plus de 32,000 dans les zones de Bessel et d'Argelander calculées par Weisse, directeur de l'observatoire de Cracovie.[4] Sur ces 32,000,

---

4 Suivant M. Hind (1853), nous avons aujourd'hui plus de 130,000 étoiles cataloguées.

20,000 étoiles sont de neuvième grandeur. Avec son télescope de 40 pieds, sir William Herschel estimait à 18 millions le nombre des étoiles qu'on pouvait distinguer dans la voie lactée seule.

Mais, dira-t-on, quelle utilité y a-t-il à marquer exactement la place de tant d'étoiles ? C'est aujourd'hui le même motif qui portait Hipparque, il y a deux mille ans, à former son fameux catalogue : c'est pour mesurer le très petit déplacement qu'éprouvent ces astres appelés à tort étoiles fixes. Une autre notion bien surprenante est résultée de ces comparaisons entre les petites variations de position des étoiles, c'est que notre étoile elle-même, le soleil, est en marche assez rapide vers un point du ciel situé dans la constellation d'Hercule, tandis qu'il s'éloigne sensiblement du point du ciel situé dans la région opposée. Enfin ces catalogues servent encore à reconnaître les étoiles nouvelles et les petites planètes, dont le nombre est aujourd'hui de 26.

Un résultat moins mathématique de l'observation des étoiles, c'est la couleur qui prédomine dans la lumière de plusieurs de ces astres. Ainsi Arcturus dans la constellation du Bouvier, Aldébaran dans le Taureau, Antarès dans le Scorpion, sont des étoiles rouges; mais ce qui est bien plus curieux encore, Sirius, la plus brillante étoile du ciel, que toute l'antiquité, Ptolémée en tête, cite comme une étoile rouge, est maintenant du blanc le plus pur. Je préviens ici mes lecteurs parisiens, ou ceux qui habitent les grandes villes illuminées artificiellement, que le contraste des lumières artificielles, qui sont toujours rouges à un certain degré, fait paraître bleues les étoiles blanches quand on les observe dans le voisinage de ces lumières. La lumière blanche de la lune, reflétée dans les eaux des rues, éprouve le même effet. Lalande, le célèbre astronome, donne Sirius comme une étoile bleuâtre, erreur que ne faisait point Arago. Du temps de Tycho-Brahé, Sirius était d'une blancheur parfaite. M. de Humboldt fixe approximativement l'époque de son changement de teinte. La Lyre, le Cygne, le Cœur-du-Lion, la Vierge, sont des étoiles blanches; les jaunes sont le Petit Chien, l'Aigle, la polaire et l'étoile marquée de la lettre grecque *bêta* dans la Petite Ourse. Il ne faut jamais perdre de vue ici l'influence de la couleur bleue du ciel, qui, par contraste, rougit un peu toutes les étoiles. Ce serait donc dans les hautes montagnes, par les ciels noirs de ces lieux d'observation optiquement privilégiés, qu'il faudrait noter la couleur des étoiles. Il est de petites étoiles, observées par sir John Herschel au cap de Bonne-Espérance, qui sont comme de petites gouttes de sang. Dans les étoiles doubles, souvent les deux compagnes sont teintes de couleurs différentes.

Dans certaines nébuleuses ou amas d'étoiles, tous les soleils sont de la même couleur, par exemple, tous bleus, tandis que dans la nébuleuse de Lacaille, près de la Groix-du-Sud, de puissants télescopes révèlent plus de cent étoiles diversement colorées, rouges, vertes, bleues, bleu-verdâtres; c'est un véritable écrin de pierres précieuses.

Nous abandonnons à regret l'auteur du *Cosmos* dans sa revue de la voie lactée, dont il trace la marche au travers des constellations célestes, avec ses embranchements, ses rapports avec les nébuleuses distinctes et les divers sondages télescopiques exécutés dans son épaisseur. Une des plus remarquables particularités de cette immense nébuleuse, c'est un trou noir, un manque presque total d'étoiles qui signale une région située au sud de la croix australe, et précisément au milieu d'une des localités célestes où l'éclat de la voie lactée est des plus intenses. Ce trou noir, ce *sac à charbon*, fut observé dès les premières navigations d'Améric Vespuce. Lorsque l'observatoire du cap de Bonne-Espérance sera muni du puissant télescope que le gouvernement anglais doit faire construire pour l'observation du ciel austral, nous apprendrons encore bien des choses sur ce ciel, plus pauvre en étoiles que notre ciel boréal, mais plus riche en curieux objets célestes, dont les théories attendent l'observation exacte, soit pour leur confirmation, soit pour leur abandon définitif.

On lit avec intérêt dans le tableau du ciel tracé par M. de Humboldt tout ce qui se rapporte à l'apparition des étoiles nouvelles et à leur disparition. Telle fut dans Cassiopée la célèbre étoile de 1572, *la Pèlerine*, bien supérieure en éclat à Sirius et même à Jupiter et à Vénus. Elle se voyait en plein midi à l'œil nu, et souvent au travers de légers nuages. Son apparition dura dix-sept mois. En 1600, dans le Cygne, et en 1604, dans le Serpentaire, de pareilles *éclosions* d'étoiles brillantes et temporaires furent observées, comme dans l'an 134 avant notre ère parut l'étoile nouvelle qui, suivant Pline, engagea Hipparque à faire son célèbre catalogue. Les étoiles périodiquement variables d'éclat ne sont pas moins intéressantes à connaître. M. de Humboldt nous donne un précieux tableau de vingt-quatre de ces astres curieux. Mais que dire des étoiles qui, comme l'étoile Éta du Navire, varient brusquement de la quatrième à la première grandeur, et dont l'éclat est centuplé en une période assez courte d'années ? Si, pour ces étoiles comme pour le soleil, la chaleur est en proportion de la lumière, que peut-il advenir des planètes qui circulent sous l'empire calorifique de ce soleil bizarre, et que doivent éprouver leurs habitants ? L'auteur du *Cosmos* examine ce qu'une crise pareille survenant dans notre soleil produirait sur la terre. Il

Section II.

regarde cette crise comme parfaitement possible. « pourquoi, dit-il, notre soleil serait-il différent des autres soleils ? » Cela n'est pas rassurant pour l'avenir, quoique M. de Humboldt y voie avec plaisir ou plutôt y entrevoie une cause qui *suffirait amplement à expliquer les anciennes révolutions du globe.* Nous croyons que la marche de la concentration progressive de la matière terrestre, depuis son origine cosmogonique assignée par Laplace, suffit à expliquer toutes les révolutions géologiques du globe et même la force de réaction de l'intérieur à l'extérieur du globe, réaction si admirablement établie par l'auteur du Cosmos; mais il est agréable d'avoir l'émotion de la peur, quand le courage peut la surmonter sans trop de peine, et sans doute l'appréhension de l'extinction ou d'un centuplement de la chaleur de notre soleil ne troublera le sommeil d'aucun habitant de notre globe. Ce qui peut du reste tranquilliser le genre humain, c'est que dans les deux cent mille soleils, depuis la première jusqu'à la neuvième grandeur, il en est bien peu qui prennent ainsi le mars aux dents, Mais arrivons aux étoiles doubles,

Je me vois forcé ici de rappeler ce que c'est que l'attraction, cette grande loi de la nature, découverte par Newton, et qui ramène les mouvements célestes aux plus simples notions de la mécanique. Par exemple, la lune, cette fidèle compagne de la terre, qui la suit dans son mouvement annuel autour du soleil, en tournant autour d'elle sans jamais la quitter et sans jamais se précipiter sur elle, quelle cause peut la maintenir ainsi ? Comment ne s'échappe-t-elle pas ? comment ne tombe-t-elle pas ? Comment aucun des pics, des rochers, des terrains que nous y voyons ne nous arrive-t-il ici-bas par la chute naturelle à tous les corps matériels et par suite pesants ? (J'en excepte, avec l'antiquité, le lion de Némée, qui, d'un bond prodigieux, sauta de la lune dans le Péloponnèse.) En voici la cause très simple et intelligible à tous.

La lune, comme tout corps matériel voisin de la terre, tend à tomber sur la terre. C'est ce que pensa Newton, voyant dans un verger tomber une pomme d'un arbre élevé, arbre que dans sa pensée il grandit jusqu'à ce que la cime atteignît la région de la lune. Comme on ne peut raisonnablement assigner la limite où la pomme détachée de l'arbre cesserait de tomber, Newton en conclut que la lune avait, comme la pomme idéalement soulevée à cette hauteur, une tendance à tomber. Pourquoi donc ne tombait-elle pas ?

D'autre part, la lune, au travers des étoiles, s'avance rapidement vers l'orient, quittant continuellement les étoiles occidentales et envahissant continuellement la région des étoiles orientales. Avec cette grande vitesse en avant, vitesse de un kilomètre par seconde, comment la lune ne s'élançait-elle pas dans les espaces célestes, laissant seule la terre, ou circulant sous son propre nom autour du soleil ?

Tout le monde pressent l'explication. Autant le mouvement de la lune en ligne droite éloignerait la lune de la terre, autant son poids, sa chute vers la terre la ramène vers nous, en sorte qu'elle reste à la même distance. Ce simple balancement soutient notre satellite autour de nous et nous assure son éternelle société. Qu'on se figure un palefrenier, dans un manège ou sur un terrain ouvert, dressant un cheval qu'il fait tourner en le retenant à la longe. Autant, par sa marche devant lui, le cheval libre s'éloignerait à chaque pas de l'écuyer, autant à chaque pas il est ramené par l'effet de la longe, et il décrit ainsi un cercle parfait dont le centre est le point d'où part la force qui le captive. Ainsi tourne la lune autour de la terre.

Cette loi d'attraction, que Newton avait déduite des mesures françaises de la terre, expliquait non-seulement comment la lune circule sans la quitter autour de la terre, mais encore comment la terre elle-même circule sans le quitter autour du soleil, qui lui dispense la chaleur et la vie, comment aussi toutes les autres planètes et toutes les autres lunes de notre système solaire accomplissent des mouvements analogues et suivent des routes semblables, dans des fins probablement pareilles, et avec de pareils cortèges d'habitants et d'êtres sans doute vivants, sentants et pensants. Que dire maintenant de l'immensité de la nature, si chaque soleil est reconnu, par la plus naturelle de toutes les analogies, comme le centre de nombreuses planètes éclairées, échauffées, fécondées par les rayons de ces millions de millions de soleils ? Que d'organisations, que de volontés, que d'âmes! Et ne peut-il même pas y avoir dans ces mondes des intelligences d'un ordre bien supérieur à la nôtre ? « Près de ces êtres doués de ces facultés métaphysiques d'une autre nature, disait un naturaliste contemporain, l'homme pour l'intelligence ne serait que leur chien ! »

Or, comme, même pour les planètes sœurs de la terre, nous ne pouvons jusqu'ici apercevoir leurs habitants, il est hors de doute que jamais nous n'arriverons à la connaissance des êtres habitant les planètes des soleils autres que notre soleil. Les planètes elles-mêmes de ces soleils lointains ne sont pas assez éclairées pour devenir accessibles à nos observations. Tout ce que nous apercevons dans les planètes solaires, et de même nature que notre globe, se borne à des effets de climats, de saisons, de météores analogues à ce que nous observons sur la terre.

Qui croirait que des étoiles, dont la plus voisine est deux cent mille fois plus loin que le soleil, peuvent nous fournir, comme la pomme tombant vers la terre, comme la lune circulant autour de la terre, comme les planètes circulant autour du soleil, peuvent nous fournir, dis-je, des exemples, des preuves de cette attraction universelle qui tend à précipiter l'un vers l'autre tous les corps matériels du monde, et qui les lie entre eux, de manière à les faire circuler dans des cercles éternels, en compensant, par le rapprochement dû à la chute, l'éloignement naturel que produirait le mouvement existant seul ? Tel est le cas des étoiles doubles. Le télescope nous a révélé que plusieurs milliers des étoiles qu'à l'œil nu nous jugeons simples sont un assemblage de deux ou de plusieurs astres, très voisins entre eux; mais ce qu'il y a de plus extraordinaire, c'est que plusieurs de ces groupes ne sont pas formés simplement par deux étoiles situées l'une devant l'autre. Dans un assez grand nombre de cas, les étoiles sont très rapprochées, et si elles ne se précipitent pas l'une vers l'autre, c'est qu'elles tournent circulairement de manière à compenser leur chute mutuelle par l'effet de leur mouvement progressif. Or on observe réellement ces mouvements circulaires des étoiles doubles : on doit donc en conclure que l'attraction existe à ces limites du monde visible. Un examen plus attentif fait même conclure que la loi de ces actions est la même que dans la région voisine du soleil, à peu près comme un spectateur placé sur une colline où le vent qui le frappe fait tourner les ailes d'un moulin à vent conclut, en voyant sur des hauteurs lointaines tourner d'autres ailes de moulin, que dans ces localités distantes il règne le même souffle de vent qui donne l'impulsion aux ailes du moulin le plus rapproché de lui.

Mais quelle curieuse chronologie que celle de ces étoiles révolutives ! Si dans tel siècle, dans telle année, la petite étoile (au méridien) est, par exemple, au-dessus de la grande, seize ans plus tard elle sera à côté et à droite; seize ans encore plus tard, la petite sera sous la grande; puis seize ans encore après, elle sera à côté, mais à gauche; enfin, au bout de soixante-quatre ans, elle aura repris sa place au-dessus de la grande étoile. C'est un véritable cadran d'horloge où la petite étoile fait fonction d'aiguille.

De pareilles périodes se montrent depuis les périodes de quelques dizaines d'années jusqu'à des périodes de plusieurs siècles; ce sont des soleils tournant autour d'autres soleils voisins, et pour la chronologie ce sont ou ce seront des cadrans d'horloges séculaires célestes, infatigables et invariables, qui des limites du monde compteront à l'humanité intelligente les ans, les siècles et les centaines de siècles. Un astronome du temps de Charles-Quint, au milieu du XVIe siècle, s'excuse de pousser ses calculs jusqu'en 1600, comme si 1600 eût été pour les nations une époque inabordable. Qu'aurait-il dit des périodes de dix siècles et plus que l'on observe dans les étoiles doubles! Bien des hommes passeront, dit Bacon, et la science s'accroîtra. Dans l'état actuel de l'astronomie, l'esprit humain a déjà fait assez de progrès pour que les phénomènes qu'il observe ne lui jettent plus le reproche d'ignorance, et par ceux qu'il a expliqués, il peut légitimement espérer d'arriver à l'explication ultérieure de ceux dont la cause lui est encore inconnue. « Félicitons-nous, dit Sénèque, des découvertes que nous avons faites, et laissons la postérité apporter son contingent à la connaissance de la vérité. »

Dans le magnifique tableau que trace le *Cosmos* des richesses scientifiques de l'astronomie, tableau complet jusqu'à nos jours, j'ai beau essayer d'abréger mes indications, la matière est trop riche. Encore des étoiles; mais ce sont les amas connus sous le nom de nébuleuses. Voici à l'œuvre les télescopes des deux Herschel, de M. Lassell, du comte de Rosse; voici les lunettes de Saint-Pétersbourg, des États-Unis et de Paris qui sont aussi à l'œuvre pour distinguer une à une ces étoiles entassées par la distance comme les grains de blé dans un grenier ou les grains de sable dans le désert. Rien ne résiste à la puissance de ces moyens optiques. Tous ces petits nuages blanchâtres, même celui d'Andromède, donnent des signes de décomposition en étoiles; mais qui pourrait jamais, non pas nombrer, mais imaginer même le nombre de ces soleils ? *Aussi nombreux que à sable, aussi nombreux que la poussière*, dit Homère; mais tout le sable, toute la poussière des déserts de l'Afrique et de l'Asie centrale ne pourraient nombrer les étoiles des nébuleuses. Nous avons déjà dit que les deux Herschel en ont catalogué environ quatre mille. Que sera-ce quand on explorera le ciel des nébuleuses avec le télescope de lord Rosse, dont l'ouverture est celle de la prunelle de l'œil d'un géant dix à douze fois plus haut que la grande pyramide d'Egypte, et qui pourrait la tenir dans sa main !

Encore un exemple d'immensité; mais ici ce sont les siècles, et non les soleils, qui sont pour ainsi dire entassés. Tout indique dans le ciel que les éléments matériels ont marché progressivement vers une concentration de plus en plus prononcée. Les soleils se sont conglomérés aux dépens de la matière cosmique ou chaotique. Ces soleils se sont ensuite rapprochés en vertu de la grande loi de l'univers, l'attraction newtonienne, qui pousse incessamment l'une vers l'autre toutes les substances matérielles. N'y a-t-il donc point quelque trace de la marche de ces soleils se rapprochant entre eux jusqu'à ce que les mouvements de circulation dont nous avons parlé plus haut viennent à balancer cette concentration progressive ? Oui. Nous devons à lord Rosse lui-même le dessin de plusieurs nébuleuses en spirales, c'est-à-dire disposées par traînées lumineuses qui s'arrondissent en arrivant vers le centre à peu près comme seraient les étincelles d'une pièce tournante dans un feu d'artifice, si, au lieu d'être dirigées en dehors, ces étincelles étaient projetées vers le centre de la pièce tournante. Mais ici, au moment où se présente la question du temps nécessaire pour opérer les déplacements qui ont donné naissance à ces dispositions d'ensembles d'étoiles, l'imagination recule effrayée. Il n'y a ni années ni siècles pour de pareilles durées. Que sont même les révolutions des étoiles doubles avec leur courte période de dix à douze siècles ? Pour accomplir de tels mouvements, il a fallu plus de milliers de siècles qu'il n'y a de soleils dans ces entassements de soleils sans limite concevable. Beau thème pour ceux qui désirent comprendre ou peindre l'éternité !

Des métaphysiciens insatiables ont voulu dépasser encore ces limites du monde perceptible. « Nous imaginons, disent-ils, des existences de corps sans lumière, et dès lors non perceptibles à nos sens. La puissance créatrice dans la production et dans l'organisation de l'univers ayant toujours dépassé les bornes de l'intelligence de l'homme, il est évident que, puisque nous concevons d'autres existences que celles que nos sens nous révèlent, ces existences doivent être réalisées, et même qu'il doit en exister que nous ne concevons aucunement. » Je n'ai rien pour contredire à de telles théories. Passer par analogie de ce qui existe à ce qui est possible et du possible à l'inconcevable est permis en métaphysique; mais les sciences d'observation ont pour limites ce qu'on peut voir, mesurer, contempler, et ce que j'ai dit prouve suffisamment sans doute que, dans l'état actuel de la science céleste, les exigences les plus outrées doivent se trouver satisfaites pour l'espace, la matière et le temps. Alexandre trouvait la terre trop petite pour son ambition : il étouffait, dit Juvénal, dans les étroites limites du monde terrestre; mais quelle ambition scientifique pourrait trouver trop petit le monde matériel de l'astronomie ?

Reposons-nous dans le système solaire, au milieu des planètes, des comètes, des satellites et de tout le domaine de notre étoile centrale. S'il y en a de plus brillantes, comme Sirius, comme la plus, brillante

Jacques Babinet

du Centaure, et probablement comme Canopus et les autres étoiles de première grandeur, celle-ci nous suffit, et la nature terrestre, coordonnée à son éclat, à sa chaleur et à ses autres influences, péricliterait sans aucun doute, si nos rapports avec ce grand dispensateur des principes essentiels à la vie venaient à changer. M. de Humboldt a exposé amplement les curieuses particularités relatives à la constitution du soleil, à ses taches, à ses diverses enveloppes, à son noyau obscur, etc. Je n'en dirai rien, non plus que de cet anneau lumineux immense qui entoure cet astre, et qui nous reflète cette mystérieuse lueur qu'on appelle la lumière zodiacale. C'est au milieu de cet anneau matériel que Mercure, Vénus, la Terre et peut-être Mars circulent autour du Soleil. Je ne ferai pas non plus l'histoire de ces masses curieuses qui, sous le nom de *pierres tombées du ciel*, arrivent réellement des espaces célestes. Je me borne à déclarer que dans cette matière, dont j'ai fait une étude spéciale, rien n'a été écrit de plus complet, de plus positif, de plus convaincant, de plus conforme à toutes les lois physiques, chimiques et mécaniques du monde, que le chapitre du Cosmos sur les pierres météoriques, les globes de feu et les étoiles filantes. Voici du reste ce que je glane dans les chroniques de France après les-riches moissons de M. de Humboldt; il s'agit des présages de la fin du règne de Charlemagne :

« .....Il y eut plusieurs éclipses de soleil les trois dernières années de sa vie..... On vit une tache à l'œil nu dans cet astre..... A Aix-la-Chapelle, la terre trembla et le palais fut ébranlé...... A son dernier voyage en Saxe, une lumière semblable à un flambeau ardent passa auprès de lui et effraya son cheval, qui tomba et lui donna une si violente secousse, qu'on trouva son épée, son javelot et son manteau à dix pas de lui..... » On ne dit pas si l'empereur fut blessé dans sa chute, mais voilà un globe de feu bien caractérisé. Que devaient penser les contemporains de Charlemagne de pareils météores, tandis qu'à peine aujourd'hui nous sortons de l'ignorance en ce qui concerne leur origine et leur nature ? Une curieuse liste de toutes les substances que les bolides ont amenées à la surface de la terre et l'absence d'éléments chimiques nouveaux prouvent que la nature des minimes petites planètes qui nous donnent ce qu'on appelle des *étoiles filantes* est la même que celle de notre terre, qui voyage dans les mêmes régions circomsolaires.

Les planètes sont considérées dans le *Cosmos* sous de nombreux points de vue, tous très intéressants. On y trouve une liste fidèle et impartiale des découvertes de corps planétaires depuis l'invention du télescope. M. de Humboldt nous donne l'ordre chronologique de ces brillantes conquêtes de la science, dette liste pour les petites planètes situées entre Mars et Jupiter s'arrête à Irène, qui est la quatorzième dans l'ordre de leur découverte. La liste que j'ai donnée dans cette *Revue*[5] comprend vingt-trois planètes, dont huit ont été découvertes en 1852. Pour compléter ici l'énumération de ces corps célestes, dont le nombre est aujourd'hui de vingt-six, je dirai que, malgré la saison peu favorable en 1853 aux observations du ciel, les astronomes ont encore pu cette année ajouter trois planètes aux vingt-trois autres conquises à la fin de 1852.

Voici la liste de ces trois nouvelles petites sœurs de la terre :

1853. Phocea….. Chacornac II. Marseille.

1853. Thémis….. Gasparis VII. Naples.

1853. Proserpine….. Luther II. Dusseldorf.

M. de Humboldt se montre très sobre de conjectures sur les influences météorologiques déterminées dans chaque planète par leur distance au soleil, le temps de leur rotation sur elles-mêmes, et l'inclinaison de leur équateur sur le plan de leur orbite. Il constate bien que dans la planète Mars, assez semblable à notre terre pour l'obliquité de son écliptique, on voit les neiges polaires s'accumuler et se fondre comme sur la terre, suivant que l'un ou l'autre pôle a la saison chaude ou froide; mais il ne parle pas du printemps perpétuel qui règne sur Jupiter, et de la fixité d'aspect qui doit en résulter. Cependant ce calme n'est pas complet, puisque quelques-unes des bandes de Jupiter ont disparu momentanément. La planète qui doit offrir les plus curieuses circonstances climatologiques, c'est sans contredit Vénus, qui, pour la grosseur, la masse, la distance au soleil, est presque exactement semblable à la terre. D'où vient donc que dans cette planète on n'observe point les mêmes circonstances météorologiques que dans Mars et sur notre globe ? Le voici :

Vénus tourne très obliquement sur elle-même. Si nous prenons la terre pour point de comparaison, le soleil arrive l'été jusqu'au-dessus de Syène en Egypte, ou de Cuba en Amérique. Pour Vénus, l'obliquité est telle que l'été le soleil atteint des latitudes plus élevées que celles de Belgique ou même de Hollande. Il en résulte que les deux pôles, soumis tour à tour à un soleil presque vertical et qui ne se couche pas (et cela à quatre mois de distance, puisque l'année de cette planète n'est que de huit mois), ne peuvent laisser la neige et la glace s'accumuler. Il n'y a point de zones tempérées sur cette planète : la zone torride et la zone glaciale empiètent l'une sur l'autre, et

5 Livraison du 15 janvier 1853.

Jacques Babinet

règnent tour à tour sur les régions qui chez nous composent les deux zones tempérées. De là des agitations d'atmosphère constamment entretenues et d'ailleurs tout à fait conformes à ce que l'observation nous apprend sur la difficile visibilité des continents de Vénus à travers le voile de son atmosphère, tourmentée incessamment par les variations rapides de la hauteur du soleil, de la durée des jours et des transports d'air et d'humidité que déterminent les rayons d'un soleil deux fois plus ardent que pour la terre.

Les satellites des planètes et notre lune, dont la géographie est maintenant plus avancée que celle de notre globe, fournissent au *Cosmos*, comme on peut le penser, une immense quantité de détails historiques, astronomiques et physiques.

Les comètes, qui semblent ne voyager, comme les planètes, autour du soleil que pour contredire toutes les lois et les analogies qui existent entre celles-ci, n'ont pas fourni à l'auteur du *Cosmos* un thème aussi heureux que le reste du système solaire. Ce n'est pas que le *Cosmos* ne garde encore ici, comme ailleurs, sa supériorité sur tous les ouvrages d'exposition qui l'ont précédé; mais l'ouvrage fondamental de M. Hind sur les comètes n'avait pas encore paru, et un grand nombre de curieuses notions qui y sont contenues n'ont pu trouver place dans le tableau tracé par M. de Humboldt.

Sénèque avait déjà remarqué que les comètes suivent des routes fort différentes de celles des planètes, et qu'elles abordent des parties du ciel étoilé interdites aux autres corps errants ou planètes. Un astronome n'en croirait pas ses yeux, s'il voyait la lune, Vénus ou Jupiter quitter le zodiaque pour aller éclipser les étoiles de la Grande-Ourse ou l'étoile polaire ! ou bien si, au lieu de marcher annuellement vers l'orient, ces astres revenaient en arrière! C'est pourtant ce que font chaque jour les comètes. Le seul point de vue auquel je veuille les considérer ici en terminant ce tableau du système solaire, c'est de les distinguer en comètes solaires et en comètes étrangères, errantes de soleils en soleils. Et d'abord, malgré le tableau de six comètes à courtes périodes donné par M. de Humboldt, je n'en reconnais que trois définitivement acquises à notre soleil, car il n'y en a réellement que trois qui aient été vues plus d'une fois, savoir les comètes de Encke, de Biela et de Faye. En y joignant la comète de Halley, dont la période est de soixante-dix-sept ans, et qui a plusieurs fois mêlé son histoire à celle de l'humanité, ce sont quatre comètes conquises et assurées par la science. La comète de M. Faye, découverte par cet astronome en 1843 à l'observatoire de Paris et revue au commencement de 1851, a présenté une obéissance si ponctuelle aux lois du calcul, que, suivant M. Hind, elle ne s'est pas écartée d'une heure du moment où son retour dans le voisinage du soleil avait été prédit par M. Le Verrier. Sans doute d'ici à peu d'années on sera fixé sur la nature de l'orbite de neuf à dix autres comètes, dont on peut voir la liste dans l'admirable ouvrage de M. Hind, et dont le retour est présumé d'une manière plus ou moins probable. De 1856 à 1860, nous saurons encore à quoi nous en tenir sur la grande comète qui hâta l'abdication de Charles-Quint, et qui met trois cents ans dans sa révolution solaire; mais, je le répète, jusqu'à nouveau progrès, les seules comètes de Halley, de Encke, de Biela et de Faye sont acquises irrévocablement au domaine du soleil. D'autres comètes de soixante-quinze ans ou environ, de trois mille ans, ou même de cent mille ans, comme la comète de M. Mauvais, calculée par M. Plantamour, sont réservées aux observateurs futurs.

Il est un grand nombre de comètes qui se meuvent dans des courbes à branches infinies, savoir des paraboles et même des hyperboles. Celles-ci, venant vers notre soleil des profondeurs de l'espace indéfini, y rentrent ensuite et arrondissent légèrement leur marche autour de tous les soleils dans la proximité desquels elles viennent à passer, jusqu'à ce qu'enfin elles arrivent si juste en face d'un de ces puissants amas de matière, qu'elles s'y incorporent en les abordant de front. Là se terminent leurs excursions vagabondes. Il va sans dire, en dépit de la cosmogonie de Buffon, que l'étoile heurtée par la comète n'est pas plus ébranlée que ne le serait la grande pyramide d'Egypte par le choc d'une sauterelle poussée par le vent du désert. Ainsi donc on peut dire que les comètes, si peu dignes d'attention par la petitesse *inimaginable* de leur masse, servent de moyen de communication entre les étoiles et notre système, et que telle comète qui vient s'imprégner des feux ardents de notre soleil dont elle rase la surface, comme l'ont fait les comètes de 1680 et de 1843, a subi *ou a pu subir* préalablement la même influence de Sirius, de Canopus ou de la brillante étoile Toliman du Centaure, ces trois rois de la voûte céleste. Ce qu'il y a d'incontestable, c'est que ces astres, pour le plus grand nombre, s'éloignent sans retour de notre soleil, d'où l'on tire la conséquence non moins sûre qu'ils arrivaient de régions situées bien au-delà de ce qu'on peut appeler le domaine de cet astre.

En résumé, la partie du *Cosmos* consacrée à la description du ciel nous offre le tableau fidèle des résultats de l'astronomie au milieu du XIXe siècle. L'histoire des sciences nous a transmis cet acte remarquable de l'astronome Ptolémée d'Alexandrie, qui consacra, par des inscriptions gravées sur les parois intérieures d'un temple, les résultats de sa longue carrière d'observateur des mouvements célestes. L'ouvrage de M. de Humboldt est aussi la consécration de toutes les conquêtes de la science, mais gravée dans un temple bien plus impérissable que ceux d'Egypte, dans la *typographie*, l'une de ces supériorités des peuples modernes sur ceux des siècles passés. On a reproché au *Cosmos* un peu de confusion dans sa richesse, mais des tables analytiques très détaillées facilitent les recherches, ou bien aident ceux qui ont lu l'ouvrage à le considérer au point de vue dont ils ont besoin. Ainsi le physicien, le géographe, le métaphysicien, le théologien, le philosophe, le poète même, le consulteront aisément en ce qui les intéressera. Il y aura des oracles pour tout le monde. Le *Cosmos* était un des ouvrages d'astronomie ou plutôt le seul des ouvrages d'astronomie moderne que citât M. Arago. Il rendait pleine justice aux efforts que son illustre confrère avait faits pour donner aux amis de la science des résultats positifs, exacts, clairement énoncés et tout à fait à jour pour la science la plus moderne. Nous nous bornerons à cet éloge de l'ouvrage de M. de Humboldt. Plus on feuillette cette riche collection de découvertes qui honorent l'esprit humain, plus on acquiert soi-même de notions importantes, et plus on peut atteindre d'aperçus nouveaux. Le *Cosmos*, comme tous les bons livres, vaut par ce qu'il est et par ce qu'il fera faire aux autres.

M. de Humboldt, suivant ses propres expressions, considère la France comme sa patrie adoptive. Ce n'est pas seulement en effet comme savant ou comme écrivain national (car la plupart des ouvrages de M. de Humboldt sont en notre langue) que l'illustre octogénaire a droit au titre de citoyen français. Dans des temps de calamités tristes à rappeler, on l'a vu accourir à la suite de l'invasion étrangère et protéger contre le pillage et la spoliation notre Jardin des Plantes et tous nos établissements scientifiques, se montrant bien plus dévoué à la France que bien des Français d'alors. Espérons que l'illustre savant viendra encore une fois recueillir à Paris les témoignages de gratitude et de sympathie de la génération scientifique actuelle, à laquelle il a servi de guide et d'exemple, comme il servira de modèle aux amis des sciences d'observation. Sous ce point de vue, comme sous beaucoup d'autres, l'auteur du Cosmos restera, suivant l'expression de Pline, *le savant qu'on ne pourra jamais assez louer. Nunquam satis laudatus.*

ISBN : 978-1546624417